Cavalerie

SON EMPLOI
DANS LA GUERRE MODERNE

a) GUERRE DE MOUVEMENT;
b) GUERRE DE TRANCHÉES.

I. — Prédominance, dans la guerre actuelle,
de l'arme à feu sur l'arme blanche.

II. — Effectifs.

III. — Cavalerie dans le corps d'armée.

IV. — Son instruction : individuelle et des grandes unités.
(Comment ces dernières
doivent envisager la poursuite.)

PARIS
Henri CHARLES-LAVAUZELLE
Éditeur militaire
124, Boulevard Saint-Germain, 124

—

MÊME MAISON A LIMOGES
1916

CAVALERIE

SON EMPLOI DANS LA GUERRE MODERNE

Lieutenant-Colonel CARRÈRE

Cavalerie

SON EMPLOI
DANS LA GUERRE MODERNE

a) GUERRE DE MOUVEMENT;
b) GUERRE DE TRANCHÉES.

I. — Prédominance, dans la guerre actuelle,
de l'arme à feu sur l'arme blanche.

II. — Effectifs.

III. — Cavalerie dans le corps d'armée.

IV. — Son instruction : individuelle et des grandes unités.
(Comment ces dernières
doivent envisager la poursuite.)

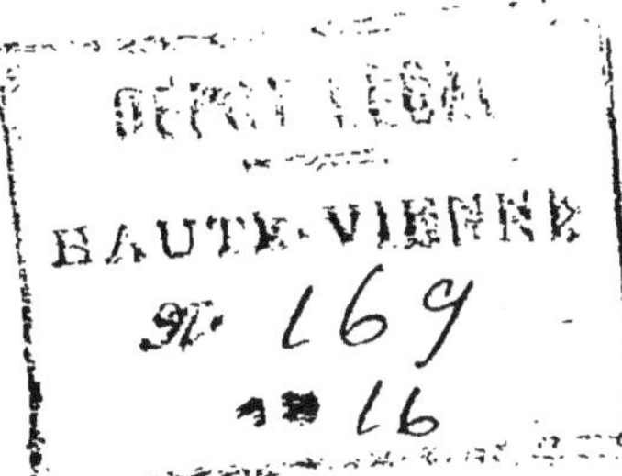

PARIS
HENRI CHARLES-LAVAUZELLE
Éditeur militaire
124, Boulevard Saint-Germain, 124
MÊME MAISON A LIMOGES
1916

CAVALERIE

SON EMPLOI DANS LA GUERRE MODERNE.

Un livre paru il y a une quinzaine d'années, qu'on eut le tort de ne point lire en France, semble avoir prédit les transformations et les modalités que devait fatalement prendre la guerre actuelle.

Un Russe de talent, M. Bloch, y développait cette thèse :

« Une guerre entre antagonistes à peu près égaux doit nécessairement se terminer par l'immobilisation des forces en présence : ceci, à cause de l'efficacité sans cesse croissante de l'infanterie en tranchées. »

A la guerre de mouvement, à la guerre de manœuvre telle que nous la concevions, à ces vastes attaques en masse avec de formidables charges de cavalerie, il en était donc une autre possible que nous ne soupçonnions pas : la guerre d'usure, la guerre de tranchées !

Les Allemands allaient, eux, méditer la thèse qui se révélait, et, en ayant entrevu la possibilité, s'ingénier à forger les armes nouvelles que ce genre de lutte devait nécessiter.

C'est de cette conception que sont nés la puissance inattendue de leur grosse artillerie et sa concentration soudaine, leurs explosifs violents, leurs gaz asphyxiants, leur système bien réglé de lancement de grenades, leurs minenwerfers, leur projection de liquides enflammés, leur nombre toujours plus grand de mitrailleuses, de fusils-mitrailleurs, et, par-dessus tout, leur approvisionnement énorme de munitions fabriquées en masse.

Attentifs à toute évolution chez le voisin, combien leur âme de barbare dut-elle se réjouir en voyant que, durant le cycle de 1900 à 1914, nous en restions toujours à notre conception de lutte en plein air, de lutte sous la belle clarté de notre âme chevaleresque.

Puisque les Alliés restaient figés dans les leçons des guerres napoléoniennes, eux, dignes émules des Huns, allaient donc pouvoir développer successivement les deux méthodes : l'écrasement par la manœuvre, la guerre de possession par la tranchée.

L'écrasement, par la ruée directe à travers la Belgique d'une masse double ou triple de celle que nous pouvions opposer, quitte à n'employer la seconde méthode que lorsque leur première leur aurait donné le résultat escompté : l'envahissement du territoire, dont le couronnement devait être Paris.

Le soubresaut, la victoire de la Marne, ne leur permit pas d'aller jusqu'à ce couronnement; l'heure d'emploi de la tranchée sonnant trop tôt pour eux, c'est derrière l'Aisne et en Champagne qu'ils allèrent se terrer.

Il est évident à présent que si, mieux avertis, moins confiants dans une lutte loyale de part et d'autre, la frontière belge et la frontière française avaient été convenablement préparées — comme on aurait dû le faire lorsque les Allemands construisirent leur chemin de fer stratégique — et munies de tranchées, d'emplacements pour les canons et de voies ferrées en double et en triple, les Allemands n'auraient jamais pénétré de 50 kilomètres en France, ni en Belgique. Ils auraient été tenus en échec à Liége et dans les Ardennes.

La France n'avait jamais résolu le problème de la guerre de tranchées, les Alliés pas davantage. (*Demain ?* par H.-G. WELLS.)

Si je me suis étendu sur les conséquences de la thèse de Bloch, c'est pour en arriver à cette conclusion, qu'à une méthode de guerre nouvelle, des procédés nouveaux allaient s'imposer pour toutes les armes.

Il y avait la méthode *d'hier*, celle de la guerre de mouvement, de plein air, qui *redeviendra la méthode de demain* lorsque l'usure de l'un des adversaires aura fait son œuvre; il y a la méthode *d'aujourd'hui*, celle de la guerre souterraine, de tranchées.

A cette dernière, l'infanterie et l'artillerie ont été contraintes de se plier; je voudrais essayer, par l'historique des actions auxquelles j'ai pris part, de contribuer à établir l'évolution vers laquelle la 3e arme, la cavalerie, doit être aiguillée pour satisfaire au double emploi de ces méthodes.

Depuis de nombreux mois, certes, la cavalerie a payé une part de son tribut dans les tranchées. Comment s'y est-elle comportée ? Quelle est son histoire dans la période de la guerre de mouvement ? Que doit-on en inférer lorsqu'elle sera reprise ?

Faisons crédit encore au mode d'emploi de cette arme, dira-t-on ? Oui, peut-être le devrait-on si on n'envisageait que son ardeur, son désir de faire de fructueuses et grandes choses; mais, pour le justifier, il faut que, présumant moins de ses propres forces, elle ploie son légendaire panache à des nécessités plus réelles. Qu'elle se dise qu'on ne se bat pas pour soi-même, qu'on se bat pour son pays; qu'on ne se bat pas pour mourir, qu'on se bat pour vaincre.

Liaison constante, coordination plus étroite des efforts avec les autres armes, cesser de faire « cavalier seul », savoir utiliser à l'occasion les procédés de combat des unités d'infanterie, voilà désormais son programme.

Depuis août 1914, n'avons-nous pas vu la cavalerie passer par toutes les phases où normalement, d'après les tendances du passé, ces grandes choses elle eût pu les réaliser ? (grandes masses jetées dès le début sur les routes d'invasion ; puis, quelques jours après, en Belgique ; retraite, reprise d'offensive, etc., etc...).

Cependant son impuissance, malgré tout son mordant en tant que « combat à cheval », est un fait ; on peut l'expliquer, mais le nier, non. Conséquemment il faut, si elle ne veut plus être discutée, si elle veut vivre, chercher un mode d'emploi plus en harmonie avec une époque nouvelle.

C'est que les temps ne sont plus de ces grands tournois, de ces charges héroïques où la cavalerie enfonçait les carrés d'infanterie à Austerlitz, à Eylau... Ni les terrains moins en friche, ni les clôtures des propriétés, ni surtout l'armement actuel ne permettront ces prouesses à la Rapp, à la Murat. Finis, ces coups de foudre ! Une artillerie puissante qui dévaste, à des 5 et 10 kilomètres, tout rassemblement, toute marche d'approche concentrée ; des mitrailleuses nombreuses qui fauchent tout ce qui se présente devant elles à moindre distance, semblent devoir désormais n'en faire qu'un glorieux souvenir.

Oserait-on croire encore à des actions de cavalerie contre des batteries d'artillerie ? Mais ne sont-elles pas invulnérables sur les fronts si étendus de la guerre moderne, par leur position même derrière les lignes d'infanterie; derrière les tranchées; dans les blockhaus où la nécessité d'une protection matérielle les force à s'établir ?

Les temps sont changés : un matériel plus puissant, les forces combinées de la science et de l'industrie, l'apparition en nombre sans cesse plus élevé de mitrailleuses, ont engendré des méthodes de guerre nouvelles auxquelles l'infanterie et l'artillerie ont été obligées de se plier sous peine d'être rapidement détruites.

La cavalerie d'aujourd'hui, comme celle d'autrefois, a le cheval. Il n'est pas un produit de l'industrie, il n'a pu qu'être amélioré dans ses formes, amélioré aussi par un apport de sang plus généreux; mais son utilisation est restée la même, et c'est pourquoi la cavalerie, à l'encontre des autres armes, n'a pu qu'effleurer l'évolution imposée. Elle a bien senti que, dans la guerre d'usure, la guerre de tranchées, elle doit, *pour vivre*, se rapprocher du mode d'emploi de l'infanterie; l'examen des faits qui vont suivre nous montrera le mode d'action que l'armement actuel va lui imposer dans la guerre de mouvement.

Les « *drachen* », l'*aviation*, cette arme nouvelle dont les progrès marchent de pair avec l'ingéniosité humaine toujours plus grande, sont venus enlever à la cavalerie une grande part de son rôle dans les *reconnaissances* du champ de bataille et dans l'*exploration*.

Les missions des Curély, des Lassalle (découverte et poursuite) sont bien restées les nôtres, quoique la découverte à un moindre degré, c'est l'avion qui la fera à l'avenir, la cavalerie ne pourra que la parachever; mais celles du *champ de bataille*, telles que les missions d'attaque données au général Espagne, aux cuirassiers de d'Hautpoul à Wagram, à Grouchy à Friedland, l'*armement actuel* ne les rend plus d'un succès possible, en dehors de quelques cas fortuits qui en font une réussite exceptionnelle. Même en pareille occurrence, de petites unités (escadrons, demi-régiments) *seules* pourraient trouver la possibilité d'agir. Mais, combien limitée sera leur intervention avec un effectif si faible, et à quel prix ! Si cependant une chance de succès est entrevue, il faut avoir la volonté de la courir (1).

---

(1) Cette thèse nouvelle, voici que je la trouve renforcée par l'opinion du commandant de Civrieux, dans l'étude qu'il vient de faire paraître, intitulée : *La Bataille d'autrefois et celle d'aujourd'hui :*

« Bien que l'aveu, dit-il, en soit pénible pour un cavalier, tel celui qui écrit ces lignes, la loyauté de la pensée oblige de dire que le rôle des escadrons combattant à cheval sur le même champ de bataille est à jamais disparu, en présence de tous les engins à tir rapide qui fauchent impitoyablement et sûrement.

» L'ère des grandes charges est close à laquelle sont attachés les noms d'Eylau, de Borodino, de Waterloo, de Reischoffen.

» Mais si le cheval n'est plus une arme, il est encore un moyen de transport; grâce à lui, la cavalerie pourra de

I.

PRÉDOMINANCE, DANS LA GUERRE MODERNE,
DE L'ARME A FEU SUR L'ARME BLANCHE.

Si nous analysons les faits qui se sont déroulés devant nos yeux, auxquels nous avons pris part durant une campagne déjà longue de seize mois, nous pouvons constater que les actions de cava-

---

nouveau, opportunément commandée, aider au succès des grandes luttes.

» Son emploi se confondra de plus en plus avec celui d'une infanterie rendue excessivement mobile, et qu'elle combattra non avec le sabre, mais avec le fusil et la baïonnette. Ainsi armés, les escadrons, circulant tout autour et à l'intérieur de la bataille, interviendront utilement en occupant momentanément des points d'appui, ou en bouchant les vides qui se creusent fatalement durant l'action entre les corps d'infanterie.

» Avant comme après le combat, deux missions de la plus haute importance incombent cependant encore à la cavalerie : l'exploration et la poursuite...

» Le rôle essentiel de la cavalerie est d'exécuter la poursuite sans laquelle toute victoire reste stérile...

» Quelle que soit la difficulté de sa tâche, la cavalerie, dut-elle y périr, doit sans hésiter l'entreprendre. Mais d'autres éléments lui seront adjoints. Régiments d'infanterie reposés et sans sacs, bataillons cyclistes, mitrailleuses attelées ou transportées en automobiles, autos-canons, batteries légères, devront suivre les escadrons de toute la vitesse de leurs moteurs, de leurs attelages, de leurs jambes; et la cavalerie de l'air, constituée par les escadrilles aériennes, si elle est bien conduite, jouera certainement un grand rôle dans l'épilogue indispensable de toute bataille... »

lerie, telles qu'on les concevait, ont été presque inexistantes.

1re phase.

A

Au mois d'août 1914, après un séjour de quelques jours en Lorraine, mon régiment est transporté à Thuin (Belgique). Le lendemain a lieu la bataille de Charleroi. Il reçoit la mission de défendre les passages sur le canal de la Sambre, entre Thuin et Marchienne. Une bonne fortune veut que le 1er demi-régiment arrive à Marchienne avant l'ennemi ; installation immédiate de la section de mitrailleuses non loin du pont, combat à pied.

Résultat : un peloton ennemi, venu en reconnaissance, est décimé par les feux des mitrailleuses ; les survivants fuient vers leur infanterie, qui, par la suite, force le demi-régiment à se replier à son tour.

L'arme à feu, *l'arme de jet*, a été seule employée par la cavalerie.

Quelques jours plus tard, le 26 exactement, le régiment protège le repli du corps d'armée ; il s'arrête à Cantereine, sur la route d'Etrœung.

Malgré le service de surveillance, de halte gardée, des escadrons allemands nous ont aperçus.

Sans éveiller l'attention, ils disposent, non loin du régiment, des cavaliers pied à terre, le long des haies bordant la route, prêts à faire usage de leur carabine; et, tout bien disposé, un groupe à cheval se présente sur la route vers la queue de la colonne.

Emoi dans les escadrons français. — A cheval ! — Les deux escadrons les plus rapprochés courent sus en colonne par quatre sur la route, sabre à la main; ils sont reçus par les feux des hommes pied à terre, et forcés de rebrousser chemin, non sans pertes appréciables.

Fait à retenir : un peloton français vint butter, sabre à la main, sur le chemin de droite, contre quelques cavaliers allemands faisant tête derrière un fil de fer; celui-ci rompu par le choc, que font-ils ? Ils jettent leur lance pour prendre leur revolver ou leur mauvais petit sabre. Quelques hommes et quelques chevaux blessés, tel fut le résultat de cet épisode secondaire; mais dans l'épisode principal, les pertes furent occasionnées par l'arme à feu, *l'arme de jet*.

Les jours suivants, et jusqu'au 5 septembre, le repli du corps d'armée se fit toujours sous notre protection.

Un jour, en colonne par quatre sur une route, le régiment tombe sur un parti de cavalerie placé en embuscade à la lisière d'un bois longeant cette route. Une mitrailleuse allemande ouvre le feu sur les escadrons, fauche toutes les betteraves sous les pieds de nos chevaux, tandis que les escadrons sortent de la route, et, chose incroyable, quoique cette mitrailleuse fût en action à moins de 50 mètres de nous, un seul homme et un seul cheval furent blessés. Le pointeur avait pointé comme s'il s'était agi d'infanterie, il avait tiré trop bas.

Pour une cause ignorée, la troupe de cavalerie en embuscade ne profita pas de l'instant de désarroi occasionné par cette surprise, elle ne poursuivit pas.

Ce fut une chance, un seul escadron aurait pu faire une belle besogne.

Ici encore, emploi de l'arme de jet, le sabre reste au fourreau, la lance à la botte.

Un autre jour, tout le corps d'armée défile sur la route de Mont-Notre-Dame à Chéry-Chartreuve. Une division de cavalerie ennemie ouvre, avec ses canons, le feu sur cette colonne, mais à aucun moment une action de cavalerie ne se dessine, malgré le voile des bois qui l'eût facilitée.

L'arme de jet, toujours l'*arme à feu*, de la part du poursuivant comme du poursuivi.

B

La reprise d'offensive a lieu.

Je n'en détaillerai pas les péripéties; je dirai

seulement que, *pas une fois*, le régiment n'a eu à mettre le sabre à la main pour une poursuite, pas plus que pour une intervention possible dans la bataille, ardemment désirée et chaque jour minutieusement et crânement recherchée cependant.

Je me bornerai à citer deux faits, dont l'un s'est passé lors de la marche en retraite, mais que je réunis ici, parce que l'un et l'autre nous donnent le même enseignement.

1° *A Jaulgonne.* — Un bataillon d'infanterie avait été laissé en arrière-garde pour la défense du pont sur la Marne. Le régiment de cavalerie, arrivant à son tour, s'était placé non loin de lui pour protéger son repli. Le commandant du bataillon vint supplier le colonel de partir, ayant constaté que les cavaliers attiraient le feu sur l'infanterie.

Semblable incident s'était produit en Belgique, pour une colonne de zouaves que le régiment longeait.

2° *Dans les bois de Génicourt.* — Le 15 septembre, le régiment était placé non loin d'un groupe d'artillerie pour le soutenir. Le chef du groupe fit une démarche analogue à la précédente, nous suppliant de partir.

De ces faits retenons ceci : il est inutile d'exposer au feu une masse de cavalerie, elle se dissimule mal et attire le feu. Faite pour le mouvement, tant que l'heure de se mouvoir, de son action, n'est pas sonnée, elle doit rester en arrière si, plus rapprochée, elle ne peut se dissimuler.

Durant toute cette *guerre de mouvement*, du commencement d'août à la mi-septembre, voilà donc ce qui a été fait, en ce qui concerne le sujet qui nous occupe, sur les différents points où le

ᵉ régiment de hussards a été appelé.

La conviction nous en est restée, que la cavalerie allemande évitait le combat à l'arme blanche, et que, de notre part, vouloir le rechercher serait s'exposer sûrement à tomber dans une embuscade où nous serions reçus par l'*arme à feu*, l'*arme de jet*.

L'âme fourbe du Boche n'a plus, même en germe, le sentiment d'un combat loyal où la valeur individuelle est un des meilleurs facteurs de son issue, c'est derrière la force brutale d'un matériel puissant que toutes ses méthodes de guerre s'abritent. Ne serait-ce pas bravade criminelle que de vouloir l'ignorer ? Faisons donc nôtre aussi cet axiome d'infanterie : *On ne lutte pas avec des hommes contre du matériel*. C'est le canon, ce sont les fusils et les mitrailleuses qui sont devenus les facteurs essentiels à toute progression, *eux seuls font tomber l'obstacle*.

2ᵉ phase.

L'ennemi s'est terré, — il a creusé sa tanière, — la guerre de position commence.

Que va faire la cavalerie ?

Les Flandres menacées, c'est la cavalerie qu'on y envoie. Non certes pour les ruées à la Murat ! mais pour la lutte, la seule lutte qu'elle puisse faire, dans les fossés boueux où le fusil épie tout mouvement de l'ennemi, dans la tranchée que l'on creuse pour arrêter toute progression adverse.

A Bischotte, à Zuychotte, à Bœsinghe, nous nous rapprochons à cheval autant qu'il est possible ; puis, transportés en autobus jusqu'à quelques kilomètres des tranchées, nous les rejoignons à pied.

Eh bien ! ce qu'a fait là encore la cavalerie, c'est du combat à pied, l'emploi de l'arme de jet a été la règle.

3ᵉ phase.

Nous arrivons ainsi à une autre période, celle où on a songé à lancer une masse de cavalerie sur les derrières de l'ennemi, après avoir franchi, par des moyens de fortune, boyaux et tranchées amis et ennemis sur les pas de notre propre infanterie.

Oui, nous y croyons, nous, cavaliers, à cette

action en masse ayant pour but de détruire les voies de communication sur l'arrière, de tomber sur les convois et de paralyser tout ravitaillement. Mais ce à quoi il me sera peut-être permis de ne plus croire, après expérience personnellement faite, c'est à la possibilité de faire franchir à cette cavalerie, *sous les feux*, tous les obstacles (tranchées, réseaux de fils de fer, boyaux, coupures, etc., etc...), de la transporter en un mot à pied d'œuvre. Ces obstacles sont indéfinis (les photos faites en avion le montrent), c'est comme le tonneau des Danaïdes, plus on en franchit, plus il en surgit sous les pas : le champ n'est jamais libre et la cavalerie, ne pouvant avoir l'armement puissant qui lui permettrait de successivement tout détruire, ne peut que bondir de brèche en brèche, en attendant que la suivante soit faite par la puissance du gros canon et l'énergie des baïonnettes.

De sorte que ce qui avait été pris comme réalisable dès le début d'une action ne l'est qu'au terme même de la bataille, de la défaite totale de l'ennemi.

L'idée n'a été qu'une illusion d'optique : épilogue n'est pas prologue.

D'ailleurs, depuis que j'ai écrit ces lignes, le distingué critique militaire du *Times*, le colonel Repington, écrit ce qui suit :

Je m'élève contre cette « vision » des lignes allemandes percées, de corps de cavalerie pénétrant par la brèche et de la reprise de la guerre de mouvement.

Comment percer les lignes allemandes en une bataille ? Il y a lignes sur lignes, et après la crête Aubers et les hauteurs de Vimy, il y a Lille, l'Escaut, la Meuse, le Rhin. Cette idée de rompre la ligne, bonne pour Trafalgar, n'est plus de mise aujourd'hui.

Elle est même néfaste, car, lorsque nous obtenons une victoire sérieuse comme en septembre, où nous mettions 150.000 Allemands hors de combat et capturions 150 canons, nous n'étions pas contents, parce que nous n'avions pas réalisé l'irréalisable et que notre cavalerie n'avait pas fait irruption par la fameuse brèche. C'est heureux qu'elle ne l'ait pas fait, car elle aurait avancé dans un pays semé d'obstacles où quelques mitrailleuses arrêteraient une division. Laissons donc de côté ce plan puéril.

L'expérience, d'accord avec la raison, nous a appris que la cavalerie ne peut intervenir que pour exploiter un succès que, seule, elle est incapable d'obtenir, pour *transformer en déroute une retraite imposée par les deux armes principales, retraite déjà amorcée.*

A l'encontre des dires du colonel Repington, j'estime que le percement des lignes se fera, il peut se faire ; et, dès que l'avalanche de cavalerie aura pu franchir le groupement des premières lignes de défense, ce ne sont pas quelques mitrailleuses qui l'arrêteront, les divisions de cavalerie ont des canons, des mitrailleuses et des combattants à pied pour répondre ; mais il faut que *cette action de la cavalerie soit appuyée au plus près par les autres armes.*

Le 25 septembre 1915, conformément aux ordres reçus, un groupement de huit escadrons du
e chasseurs fut lancé de Perthes-les-Hurlus sur Tahure, que l'on croyait encore occupé par notre propre infanterie.

Nous fûmes pris de front et de flanc par des barrages d'artillerie, par des feux d'infanterie venant du « Trou Bricot », et contraints de nous arrêter dans le « Bois du Paon » pour en sortir une heure après et retourner de nuit sur nos pas.

Ce même jour, qu'est-il advenu du   e chasseurs et du   e hussards, prématurément engagés dans une attaque en Champagne ? — « Démesure n'est pas prouesse ! » Cet aphorisme est beaucoup le complément *réfléchi* de la devise du cavalier : « Oser et risquer. »

Le 28 septembre, même tentative : les escadrons, en traversant, du même point de départ Perthes-les-Hurlus, les boyaux et les tranchées pour se rendre à pied d'œuvre, perdirent 14 hommes tués, 32 blessés et 76 chevaux. La section de mitrailleuses fut tellement atteinte dans son matériel que celui-ci dut être complètement remplacé. La voie n'était pas ouverte, et les escadrons ont été contraints, suivant un langage de sport, « d'encaisser les coups », sans pouvoir en donner, incapables qu'ils étaient de les éviter par des déplacements latéraux qui les eussent précipités dans les boyaux de droite et de gauche, ou bien par la « ruée en avant » qui les eût amenés sur les tranchées de 3e, 4e ligne, à la merci des occupants : l'abcès n'était pas mûr, ce n'était pas le moment de le percer.

Pour qu'il le devienne mûr, il faut la rage incessante d'une grosse artillerie, l'effort sérié, par phases successives, du canon qui prépare, de la baïonnette qui conquiert et garde le bénéfice de l'effort.

Si je serre la question de plus près, je dirai encore qu'une continuité dans l'action est nécessaire, qu'elle doit découler de l'entrée en ligne d'une artillerie plus mobile, d'une infanterie plus fraîche, lesquelles viennent remplacer celles qui ont obtenu le dénouement.

Donc, ce n'est pas à la cavalerie de corps d'armée que l'on doit faire appel au début, mais aux divisions de cavalerie qui possèdent, ce que la cavalerie de corps d'armée ne possède pas, de l'artillerie à cheval, des groupes cyclistes de combattants à pied, des escadrons à pied qu'on aura pu transporter en autobus non loin du terrain où ils auront à compléter l'œuvre de l'infanterie.

Les divisions de cavalerie forment un détachement de troupes de toutes armes; c'est le canon, ce sont les fusils qui leur ouvriront le chemin partout où des obstacles — et ils seront nombreux ! — ne leur permettront pas de courir encore, de courir toujours, la *lance* en arrêt, pour harceler les fuyards.

Oui, répétons-le, dans la guerre toute de matériel, tout industrielle qui nous est imposée, le cheval n'a été et ne sera qu'un moyen de transport rapide de carabines sur un point, pour un combat à pied, et cela jusqu'au jour où, la voie étant libre, il sera demandé aux *masses de cavalerie* de changer en déroute une retraite imposée par les autres armes et déjà *amorcée*.

En résumé, dans la guerre de tranchées, que peut la cavalerie ? Rien, si ce n'est prendre ses carabines et ses baïonnettes pour remplacer ou renforcer l'action de l'infanterie en combattant comme elle.

II.

EFFECTIFS.

Ces considérations peuvent amener à se demander si la proportion actuelle de cavalerie, comparativement aux autres armes, ne semble pas trop élevée, étant donné le rôle qui lui reste dévolu de par le fait de l'entrée en jeu des « avions », des « Drachen », et aussi de par les méthodes nouvelles de combat.

Si, hypnotisé par cette guerre de tranchées, on ne gardait pas la notion d'une reprise de guerre de mouvement, d'une poursuite furibonde possible, la question pourrait se poser.

Mais, cette arme fond avec une rapidité inouïe; pour y pallier, on est contraint ou bien de la gorger dans ses effectifs, ou bien… de la tenir en réserve avec des effectifs plus réduits, pour ne faire appel à elle qu'en temps voulu, au moment même où elle pourra donner son plein rendement.

En outre, dans la poursuite, quelle est la cause déterminante de la déroute, sinon l'effondrement moral du poursuivi ? Or, quelle est l'arme qui peut le plus rapidement faire naître cet état d'âme, faire agrandir les yeux au point de les faire sortir de leur orbite, produire l'effroi ? Sans aucun doute possible, c'est la cavalerie; plus son action se fera sentir sur un *front large*, plus intense sera l'effroi.

Dans cet acte déterminant de la bataille, la cavalerie est donc l'arme de l'*effet moral;* ses sœurs, l'artillerie à cheval avec sa mobilité, l'infanterie sur ses cycles, ou transportée allégée dans des autobus, les avions avec leurs bombes, viennent aussi semer une part de terreur par leur effet de destruction, ouvrir surtout le chemin à la cavalerie lorsqu'elle se butte à des obstacles; mais, pour le poursuivi, il n'y a, dans son cerveau, qu'une arme cause de tout le mal : la cavalerie.

A ce moment, pour des troupes en déroute, ce mot résume *tout !* et le fusil et le canon. A ceux-là on échappe encore, mais à la pique qui, de tous côtés, vient et s'agite, à ce sabre qui brille de reflets mouvants, l'imagination en délire ne peut plus concevoir qu'on puisse leur échapper : effet psychique à expliquer peut-être, mais qui cependant est réel, et dont la vision m'a le plus frappé.

Pour toutes ces raisons, pour la raison majeure surtout que la poursuite est le couronnement fatal de tout acte de destruction définitive, gardons, — sans... l'augmenter !... — notre cavalerie; donnons-lui une organisation qui réponde à son emploi, une instruction appropriée qui permette son utilisation dans toutes les circonstances de guerre et sachons attendre : elle aura son heure; pour acquérir la palme de victoire, tout entière elle est prête, s'il le fallait, à se sacrifier.

III.

CAVALERIE DANS LE CORPS D'ARMÉE.

La cavalerie, en tant qu'arme de « combat à cheval », nous avons vu que son action est restée dans des limites restreintes. Seule, elle a été contrainte de faire siens les procédés de combat de l'infanterie, ses moyens de destruction étant trop limités et trop aléatoires par l'effet unique de l'arme blanche.

Ce n'est pas une arme, dans le combat moderne, qui puisse se suffire à elle-même; dans ses missions, elle a besoin d'être appuyée par les autres armes : c'est ce qui a amené la composition « idéale » des divisions de cavalerie.

Je ne parlerai, dans ce chapitre, de la *cavalerie d'armée* que pour dire qu'elle n'échappe pas à la règle de *liaison* et de *coordination des efforts*.

Sa composition lui donne peut-être la possibilité d'une *liaison plus élastique*, mais elle ne la supprime pas.

L'entreprise de la   ᵉ division de cavalerie poussée, les 12 et 13 septembre 1914, au moment de la poursuite, vers le camp de Sissonne, est un enseignement.

Restée trop en l'air par suite de la retraite prématurée des divisions d'infanterie chargées de l'appuyer, elle échouait dans sa mission, — trop isolée ne pouvant la poursuivre, — et était contrainte de rallier le 15, par la Ville-au-Bois, ayant failli laisser se fermer sur elle le cercle d'investissement, être prise tout entière.

Hommes et chevaux me parurent, à leur passage, accuser une fatigue extrême.

A la *cavalerie de corps d'armée*, le règlement assigne deux missions :

1° *Garantir la liberté d'action du commandement.*

Elle le fait par la recherche des renseignements: ils peuvent être puisés auprès de la découverte si celle-ci fonctionne; sinon la cavalerie de corps d'armée, appuyée dans ce cas par des détachements d'infanterie, les recherchera par ses propres moyens.

2° *Protéger les troupes en marche ou au stationnement contre les surprises.*

Elles le seront par des fractions de cavalerie détachées auprès des avant-gardes d'infanterie, flancs-gardes ou arrière-gardes, pour les *éclairer*.

Eventuellement aussi, la cavalerie de corps d'armée peut avoir à accomplir une *mission tactique* (occupation momentanée d'un point important, d'un défilé, etc...).

Cette dernière mission, il ne faut pas songer à la lui demander sans adjonction d'infanterie, voire même de quelques canons; car, qui dit « occupation » dit « tenir le terrain ». Or, il n'a, ce régiment de corps, ni l'armement, ni la possibilité de lutter pour se maintenir, ne serait-ce que quelques heures, sur une position si celle-ci est attaquée : j'en ai fait personnellement l'expérience à Craonne, le 13 septembre 1914.

Craonne est bâtie à flanc de coteau sur un éperon à l'extrémité est du chemin des Dames. Après avoir fouillé les bois de Pontavert, j'arrive à ce gros bourg avec *six pelotons*.

A 500 mètres de la lisière est, une colonne d'infanterie ennemie, venant de la Ville-au-Bois, m'est signalée.

Le temps me manquant pour me porter sur cette lisière et y établir une défense, je grimpe au sommet de l'éperon pour prendre de l'air, et, par des feux plongeants, obliger cette colonne à sortir de la route, la retarder en la forçant à se déployer. Dès mon arrivée au sommet, à moins de 400 mètres, une chaîne dense de tirailleurs débouche des bois de Vauclerc, c'est-à-dire du nord-ouest de Craonne. Pris entre deux feux, je n'ai que le temps de me dégager; toute résistance eût été nulle, sans effet possible. Cinq chevaux seulement, tel fut le bilan de mes pertes.

Si je cite cet épisode, c'est qu'il est le premier acte de l'occupation de ce plateau de Vauclerc et de la ferme de Heurtebise.

Si le bataillon qui devait m'être donné pour appuyer ma mission avait reçu son ordre, l'ennemi ne se serait probablement pas retranché sur ce plateau, et la division, arrêtée à Beaurieux, y eût pu prendre pied avant l'ennemi. Les combats sanglants qui s'y sont livrés depuis eussent été évités et plus avantageusement reportés sur la rive nord de l'Alette; le chemin des Dames, *si important*, nous serait probablement resté.

N'ayant aucun élément sérieux de résistance, je n'avais pu que couvrir par la distance à laquelle j'opérais de nos colonnes d'infanterie et prévenir leurs avant-gardes.

Un petit détachement de toutes armes est donc nécessaire pour de telles missions. Dans le corps d'armée, ce détachement doit être prévu : un régiment de cavalerie avec une ou deux compagnies d'infanterie, leurs mitrailleuses, plus une section d'artillerie, c'est une force qui peut s'agripper sur un point important et y tenir assez longtemps pour permettre aux avant-gardes de rejoindre.

Le rôle des avant-gardes, *de par le fait même*

de la portée plus grande du canon, prend fatalement une ampleur qu'il n'avait pas. Les avant-gardes devront opérer désormais à des distances plus grandes pour mettre les divisions à l'abri de la surprise du canon, et être plus fortement constituées, pour gagner, par une résistance nécessairement plus longue, le *temps* dont le chef a besoin pour prendre ses dispositions.

Est-il nécessaire de renforcer en cavalerie ces avant-gardes ? Si on veut bien admettre le principe de « liaison et de coordination des efforts », que je considère comme intangible, je dirai franchement : non; quelques pelotons, un escadron parfois, seront toujours suffisants pour réaliser la mission qui leur est dévolue : *éclairer*, surtout si on s'applique à obtenir un meilleur rendement des *éclaireurs montés d'infanterie*, afin de laisser tous les cavaliers de la fraction détachés à leur unique mission.

La cavalerie du corps d'armée allant à la recherche du renseignement opère, en effet, dans un « cadre limité », aussi bien en *portée* qu'en *largeur;* c'est donc déjà un œil qui scrute l'espace, qui communiquera ses impressions en passant aux avant-gardes, lorsqu'un renseignement devra être porté au général commandant le corps d'armée. De plus, cette cavalerie opérant plus isolée, qui, en dehors des missions éventuelles, peut avoir à combattre des fractions ennemies ayant filtré dans les mailles de notre découverte, doit garder le plus grand nombre de ses escadrons; il arrivera même qu'ils seront heureux de trouver dans les avant-gardes un appoint de résistance, lorsque insuffisante sera leur action, quoique renforcée par les détachements d'infanterie qui leur sont adjoints chaque fois que la cavalerie d'armée a disparu du front.

Cette coopération de deux éléments ayant un but commun, avec cependant des missions distinctes, aura pour effet d'assurer au mieux la *sûreté du chef* dans les conditions de *distance* et de *temps*.

Un corps d'armée encadré, marchant en deux colonnes, sur un front de 4 à 5 kilomètres, aura ses avant-gardes parfaitement éclairées par *un* ou *deux* pelotons par colonne. Il n'en faut pas davantage pour éclairer dans une zone de 1.000 à 1.200 mètres, de part et d'autre de l'itinéraire suivi par chaque colonne.

D'un côté, donc, une *masse* de 4 ou 5 escadrons pour la recherche des renseignements ou éventuellement une mission tactique à accomplir; de l'autre, des *fractions* plus petites laissées aux divisions d'infanterie pour éclairer leurs avant-gardes et prendre, de jour, à leur charge *la mission de surveillance* dans la sûreté *en station*. Désagréger de trop la première est sans profit pour les secondes et nuisible à celle-ci qui, pour renseigner, a besoin non seulement de tous ses *yeux*, mais encore de la *force qui pousse*, qui transporte ces yeux successivement sur les observatoires utiles.

De la liaison.

La liaison entre deux troupes peut être obtenue par la *vue*, par la *distance fixe de marche*, par un ou plusieurs *agents de liaison*, détachés auprès du chef de l'une de ces troupes et aussi par d'autres procédés tels que signaux, réseau télégraphique ou téléphonique.

En cavalerie, le vrai procédé de liaison entre les grandes unités, opérant pour le compte des autres armes, et le commandant d'armée, voire même entre leurs éléments secondaires chargés de missions, est : l'*ordre de mission donné*.

Un ordre de mission dont le *but* est bien précisé, limitant les conditions de *zone*, de *portée* et de *temps* dans lesquelles cette mission doit être exécutée, indiquant de plus les points successifs où, à toute heure, les *renseignements* pourront être reçus, permet de garder dans la main la troupe qui l'exécute, rend possible une orientation nouvelle s'il y a lieu, tout en laissant à cette troupe l'indépendance nécessaire à une bonne exécution. Bien mieux, je dirai même à une exécution possible, par la sécurité morale que l'exécutant y trouve, et par l'appui effectif qui pourra ainsi lui être apporté dans les cas difficiles.

Donc, c'est à ce dernier *mode de liaison* que toute troupe de cavalerie doit être astreinte, car une opération militaire, quelle qu'elle soit, a besoin d'être menée et commandée jusqu'au bout. Même dans la recherche des renseignements, lancer quelque peu au hasard, à des distances indéterminées, alors qu'à chaque jour suffit sa peine, exploration ou sûreté, c'est risquer de ne pas voir rendre à la cavalerie les services que l'on doit en attendre. Un ordre complet est aussi un ordre de liaison. En cavalerie, voilà comment elle doit s'entendre.

IV.

SON INSTRUCTION.

1° Instruction individuelle.

L'instruction individuelle à donner à la cavalerie ne saurait être qu'un *complément* de celle prévue par nos règlements.

A pied.

Il faudra porter toute son attention sur le *tir à la carabine*, et lui consacrer tout le temps nécessaire.

Plus de tir à bras franc, *la position d'un tireur doit dériver de la possibilité*, pour lui, de se servir de tel ou tel appui. En rase campagne, si aucun appui n'est rencontré, piquer la baïonnette au sol et se servir comme appui d'une des branches de la croisière.

Le plus grand nombre de cavaliers devra être capable d'exécuter un tir avec *mitrailleuses*, aussi bien françaises qu'allemandes, et connaître l'emploi du *fusil-mitrailleur*.

L'escrime à la baïonnette doit entrer dans les mœurs de la cavalerie, non seulement pour donner au cavalier la confiance nécessaire à son arme nouvelle, mais aussi pour développer ses muscles, son agilité.

Le cavalier devra être aussi exercé au lancement des grenades, à la manœuvre du canon de tranchées et à l'utilisation de tous les engins qu'on peut y employer.

Le creusement des tranchées, la confection de gabions, de fascines, de clayonnages, doivent être connus.

Il sera exercé aussi à la mise en état de défense rapide de toute agglomération, de toute lisière de bois, de ponts, et de tout accident de terrain. Il devra être exercé à son emploi comme tirailleur dans le *peloton* et le *groupe*. (Voir Instruction sur le combat offensif des petites unités.)

A cheval.

Il faut à la cavalerie des cavaliers d'extérieur (le manège ne devra servir que pour apprendre l'A. B. C. de l'équitation), agiles, adroits, débrouillards, friands de l'obstacle.

La conduite à une main doit être la règle, règle qui ne doit cependant pas aller jusqu'à l'exclusivisme ; c'est, en effet, par la *rêne d'opposition* que le cheval doit surtout obéir ; là est le meilleur moyen de le diriger le plus facilement, en lui imposant la tête basse.

A l'*école du peloton*, on devra travailler beaucoup la marche en ordre dispersé : *en fourra-*

geurs, en ligne d'escouades par un; le passage rapide de l'une de ces formations à l'autre, comme les plus propres à être employées par les éclaireurs à travers tous pays.

Cet assouplissement de la troupe se fera avec fruit en pleine campagne, pour que les nécessités du terrain viennent, elles-mêmes, et *sans autre indication,* l'imposer.

Le tir à la carabine, le cavalier tenant son cheval la *bride au bras,* devra être familier à l'un et à l'autre. Ainsi sera rendue possible la soudaineté d'une salve de *un* ou *deux* chargeurs lancée d'un point, salve allant se renouveler quelques minutes après d'un autre point.

Le cavalier, dans ses sorties, doit, en principe, avoir le *sabre à la main.* Il faut que, par instinct, il appuie le *dos de la lame au défaut de l'épaule.* Il n'y a rien de plus dangereux pour les camarades, dans une action, que tous ces sabres tenus n'importe comment, la plupart du temps en travers du cheval, par des cavaliers plus ou moins maîtres d'eux et surtout de leur monture.

En service en campagne.

Développer le coup d'œil du cavalier; travailler l'orientation, non par des théories, mais par l'obligation de se rendre par groupes, puis individuellement sur un point éloigné de plusieurs kilomètres, indiqué par les seuls termes au nord, au sud, à l'est, ou à l'ouest du point de départ.

Lorsque le terrain le permettra, ce travail devra être fait ensuite par des lignes entières de fourrageurs dispersés sur un front de 2 à 3 kilomètres; un peloton peut ainsi avoir ses cavaliers à 50, 100 mètres d'intervalle. Mais, pour que ce travail soit bien fait, il faut que les cavaliers aient l'intuition de la liaison au chef de leur escouade, liaison indispensable pour modeler la formation à prendre (fourrageurs ou colonnes d'escouades par un) d'après le terrain que l'on a à traverser. Le chef d'escouade est lui-même *guidé, orienté* par la mission même que le chef de peloton aura reçue et qu'il aura fait connaître à ses chefs d'escouades.

L'utilité de cette formation dispersée, entrecoupée, lorsque le besoin s'en fait sentir, de colonnes d'escouades *par un*, vient de ce qu'elle est la moins vulnérable au feu, et la meilleure pour « éclairer » une troupe, reconnaître un village, un bois, une ligne de hauteurs. Ces reconnaissances, les éclaireurs les font ainsi en se présentant sur un front large et en débordant l'objet à reconnaître.

Principes à la base de toute manœuvre.

Le perfectionnement des armes modernes (canons et mitrailleuses) doit entraîner, pour une troupe qui *se déplace* ou qui *stationne*, l'emploi des formations les moins vulnérables.

Il peut être admis qu'à partir de l'escadron la *vulnérabilité d'une troupe* devient tellement sérieuse que le choix des formations s'impose.

Du 25 au 28 septembre 1915 j'ai stationné sous le feu avec *huit* escadrons; j'ai eu à traverser avec six d'entre eux, sur un parcours de 4 kilomètres environ, une zone ravagée par le tir incessant de la grosse artillerie allemande; l'enseignement que j'en ai retiré, le voici : *toute formation en colonne compacte est à éviter.*

La ligne de pelotons par quatre doit être proscrite dans tout terrain de facile accès, elle est trop massive. Je ne peux plus la concevoir que pour suivre, dans un pays coupé, des cheminements parallèles, distants de 80 à 100 mètres, en vue d'un transport de l'escadron sur un point donné. Je lui préfère la *colonne de pelotons échelonnés* dans le sens de la profondeur, à distance variant avec l'intensité de la chute des projectiles, les pelotons *sur un rang*, ou, si le front de marche ne le permet pas, par rangs distants de 25 mètres au moins, le capitaine en tête, les pelotons suivant au mieux.

Pour le *régiment* ou tout groupement d'escadrons, ne cherchons pas autre chose de plus compliqué, c'est le même principe. Si le chef ne dispose que d'un front étroit, ce sera la marche par pelotons successifs sur un rang ; si le front le permet, ce sera la marche dans des conditions analogues, les escadrons espacés, en échiquier, liés en direction à l'escadron de direction ; si le terrain est encore d'accès plus large et plus facile, ce sera la marche en bataille en échiquier, les escadrons ayant leurs deux rangs distants de 25 mètres au moins.

En résumé, *les lignes déployées sont moins vulnérables* que les colonnes ou les lignes de colonnes ; c'est sur cette observation même qu'a été basée l'interdiction d'emploi de la ligne de sections par 4 dans l'infanterie.

Dans le *stationnement*, éviter, dans la zone des feux, la *masse*, la *masse* ou les *lignes par quatre*, les *lignes de colonnes*.

On est dans la zone des feux dès qu'on se trouve à 10 kilomètres des lignes ennemies.

La meilleure formation d'attente est : les escadrons déployés placés en échiquier, à distance et intervalle variables, les deuxièmes rangs séparés des premiers par une distance d'au moins 25 mètres.

Qu'on n'objecte pas que ces dispositions sont lourdes, longues à manier ; non, elles ne seront pas lourdes si la mission est connue de chaque chef d'unité et si celui-ci nourrit le désir de lier ses actes à l'unité qui le précède ou qui s'engage avant la sienne ; longues à manier, elles le seront moins si chacun s'emploie à pallier la nécessité de dispersion, imposée par l'intérêt qu'il y a à arriver avec toutes ses forces sur le point d'où on aura à s'employer, soit à cheval, soit à pied.

Pour être fructueuses, *évolutions et manœuvres de l'escadron et du régiment* devront être basées sur ces principes de progression qui restent constants.

2° Grandes unités.

Le rôle des grandes unités de cavalerie *dans la bataille* paraît ne devoir plus consister qu'à aller, au plus vite, *occuper* un vide qui pourrait se produire entre deux armées ou deux corps d'armée.

Son rôle d'intervention, son rôle d'attaque à l'arme blanche, que l'on escomptait encore avant les enseignements de cette guerre, me semble, je l'ai déjà dit, devoir être abandonné pour la raison majeure, faisant même abstraction du terrain, que le matériel de destruction actuel vouerait à un anéantissement complet toute cavalerie qui le tenterait.

Ainsi donc, dans la bataille, sauf quelques cas fortuits qui en feraient une réussite exceptionnelle, le départ est fait, *occuper un vide*, y tenir par le feu de ses canons, de ses mitrailleuses, de ses fusils, en un mot par *l'arme de possession du terrain, l'arme de jet*.

Restent le rôle d'exploration et le rôle de poursuite.

Du premier, j'ai indiqué la part que l'aviation semble devoir laisser à la cavalerie : confirmer, parachever.

Le second lui reste tout entier; il faut le prévoir et faire entrer dans le sentiment de tous les officiers comment cette poursuite sera menée.

Comment envisager la poursuite.

D'abord, cette poursuite, de directe qu'elle s'amorcera, devra se *latéraliser* le plus tôt possible.

Ce sont les *ordres* et les *dispositions* prises pour atteindre les différents buts qui feront que la poursuite prendra sa plus heureuse forme, qui feront que l'ennemi sera devancé sur des points de passage forcés.

Mais, pour que la poursuite donne son plein effet, il faut qu'elle fasse sentir sa vigueur sur un large espace : plus la cavalerie sera « étale », plus ses *fractions constituées* (divisions, brigades, régiments même) agiront sur des points différents, dont l'importance aura été judicieusement saisie, plus, dis-je, l'effet moral sera grand, plus vite ce sera la déroute.

Il ne s'agit pas ici d'alimenter un combat en profondeur, mais bien de produire partout, sur les points les plus divers,. la surprise, l'émoi, principal facteur d'une retraite précipitée.

La cavalerie de poursuite doit donner à ce moment l'impression — qu'on me passe l'image — de *frelons constitués en masses* plus ou moins grandes (divisions, brigades, pouvant même descendre au régiment), suivant l'importance de la mission à remplir, des difficultés que l'on aura pu prévoir, etc..., frelons groupés dont l'aiguillon (lance ou sabre parfois, arme de jet presque toujours) se fait sentir partout, lassant les colonnes, inquiétant les bivouacs, semant l'embûche, orientés tous vers la mission dernière, couper les ponts sur le Rhin, afin que la masse d'infanterie et d'artillerie qui pousse noie dans les eaux de ce fleuve toute cette « bocherie » et coule à jamais l'esquif où elle avait embarqué sa basse « kultur ».

Les masses de cavalerie sont d'une fluidité étonnante, c'est par des ordres prévoyants quoique larges qu'un chef d'armée peut encore les tenir en main.

Un chef de cavalerie qui n'aurait pas cette conception large d'emploi, qui voudrait traîner derrière lui divisions, brigades, en laisse, sous prétexte d'un combat de cavalerie possible, fausserait l'emploi de cette arme dans la poursuite. Du reste, la nécessité de faire vivre cette cavalerie dans un pays déjà ruiné par une longue occupation imposera le morcellement en ce que j'ai appelé les grandes unités.

Voici, à titre d'exemple, l'ordre à donner aux chefs de ces grandes unités, réparties d'après l'importance de chaque mission; à eux de voir où ils pourront agir, comment ils pourront le faire :

Telle division, Telle brigade, Tel régiment parfois	Voici votre but; *ou bien :* Voici la troupe que vous devez harceler, à laquelle vous devez vous attacher; *Liaison* avec les unités de cavalerie voisines ; Renseignez-moi sur votre situation, chaque jour à midi et en fin de journée, à tel et tel endroit où je me trouverai. Allez ! sur vos traces infanterie et artillerie se pressent.

Si la cavalerie ennemie — contre toute attente — intervient sur un ou plusieurs points, abandonner momentanément, si on est trop faible, le but initial, quitte à le reprendre ensuite, pour manœuvrer cette cavalerie et l'attirer sous nos canons et nos feux d'infanterie, où elle sera bientôt hors de cause, sinon détruite.

Pendant ce temps, toutes les grandes unités qui

n'auront pas eu affaire à la cavalerie auront continué leur mission et pu semer peut-être le désordre, la déroute; n'oublions pas qu'elle est contagieuse.

Telle est, résumée, la voie générale dans laquelle l'expérience semble inviter la cavalerie :

1° Des cavaliers adroits à diriger leur cheval et à se servir de toutes leurs armes; des patrouilleurs audacieux ayant le sens du terrain et celui de l'orientation très développés; des tirailleurs sachant utiliser le terrain;

2° Pour les unités importantes, « liaison et coordination des efforts avec les autres armes »; habituer chaque élément de ces unités à agir, dans la recherche des renseignements, *de concert* et *en liaison* avec celui qui précède (détachements de découverte avec reconnaissances d'officiers et inversement, gros de l'exploration avec ses détachements de découverte et réciproquement, gros de l'exploration avec aussi le commandant de l'armée; cavalerie de corps d'armée avec la cavalerie d'armée, si celle-ci opère en avant d'elle; etc., etc...); pouvoir faire siens les procédés de combat de la *compagnie* et du *bataillon* d'infanterie.

L'avenir de la cavalerie n'est plus dans le combat par le choc en grandes masses. Aujourd'hui, cette arme doit se dire que sa force n'est plus fonction du nombre de ses lances et de ses sabres, mais bien plutôt du nombre de ses fusils, de ses mitrailleuses et de ses canons.

Cette opinion, il me serait facile de l'étayer, si besoin en était encore, sur l'analyse des actions de cette arme dans toutes les guerres du siècle dernier; le moment serait mal choisi, il est aux actes, non aux discours.

La conséquence de cette manière de voir est une liaison plus étroite avec les autres armes : la cavalerie opérera avec elles, pour elles, soutenue par elles et recueillie souvent par elles.

Que ce soit pour la recherche des renseignements, que ce soit pour éclairer une troupe, que ce soit pour la poursuite ou parfois pour l'action de quelques escadrons dans la bataille, une collaboration intime des armes est nécessaire, d'où liaison constante.

Les renseignements, ce n'est plus elle qui ira les chercher à des distances indéterminées, l'heure de faire « cavalier seul » est passée. Elle parachèvera, complétera le renseignement de l'avion à une distance telle que le déclanchement d'une attaque ou le refus de combat soit exécutable au moment même où le renseignement arrive et alors qu'un fait nouveau n'aura pas eu le temps de le modifier.

Dans la poursuite, la cavalerie ne fera que continuer l'action des autres armes en mettant en jeu sa mobilité, sa faculté de produire la surprise, soit par le feu, soit, dans les cas les plus heureux, par la ruée impétueuse de quelques escadrons sur un ennemi en déroute. Infanterie et artillerie la suivront toujours au plus près pour retirer tout le bénéfice de son action plus rapide.

La phrase si vide de sens entendue bien souvent par nos oreilles : « Ce n'est pas un terrain de cavalerie » a vécu. Elle n'a servi généralement qu'à expliquer l'inaction, écartant toute initiative, toute ingéniosité.

La cavalerie doit trouver à s'employer sur tous les terrains non battus par l'artillerie ennemie, seraient-ils coupés et parsemés de fils de fer comme en Belgique, en songeant à son armement plutôt qu'à l'idée aussi innocente que futile qui ferait chercher, en pareille circonstance, la cisaille libératrice, ou, dans d'autres cas, « le râteau de la bonne fée » qui viendrait ratisser le terrain pour lui permettre de charger. Il faut enfin qu'elle se dise que ce terrain si peu propice aux grandes chevauchées, rendues aujourd'hui encore plus impossibles par la vulnérabilité des masses de cavalerie, est le terrain idéal des surprises, des transports rapides de carabines et de mitrailleuses sur les points où on pouvait le moins le prévoir.

Une organisation nouvelle de la cavalerie s'impose donc. Si le moment n'est pas à la solution de ce problème, il est nécessaire cependant et opportun de mettre en pratique les enseignements que l'expérience a déjà confirmés.

———

Ces quelques lignes, j'ai cru devoir les écrire, pensant qu'il est du devoir de chacun de chercher le meilleur rendement que peuvent donner les différents éléments de notre admirable armée.

En outre, il ne faut pas que la cavalerie attende, pour agir, qu'on lui ouvre la porte; il faut qu'elle soit toujours agissante, que ses cavaliers soient constamment *tenus en haleine*, et, tant qu'elle ne pourra faire œuvre de « cavalier », qu'elle cherche à s'employer pour aider les autres armes et contribuer avec elles à ouvrir d'abord cette porte.

Loin de moi la pensée que les idées émises ne puissent être réfutées; des faits que je ne connais pas, puisque je n'ai parlé que de ceux auxquels j'ai pris part, peuvent conduire à une conclusion tout autre; s'y rallier serait un devoir si elle était surtout le fruit d'une étude impartiale, de faits vécus, jugés avec la conscience large de ceux qui n'ont qu'un désir : *vaincre*, et qu'une seule pensée : *s'y employer de tout cœur*.

Sous mon gourbi, dans les bois de Champagne, après l'attaque du 25 septembre.

Paris et Limoges. — Imprimerie militaire Henri CHARLES-LAVAUZELLE.